高教版 | 20

U0628149

全国硕士研究生招生考试

心理学专业基础
考试大纲

教 育 部 教 育 考 试 院

中国教育出版传媒集团

高等教育出版社·北京

图书在版编目（CIP）数据

2024 年全国硕士研究生招生考试心理学专业基础考试大纲／教育部教育考试院编. --北京：高等教育出版社,2023.9

ISBN 978-7-04-061126-7

Ⅰ.①2… Ⅱ.①教… Ⅲ.①心理学-研究生-入学考试-考试大纲 Ⅳ.①B84-41

中国国家版本馆 CIP 数据核字（2023）第 166158 号

2024 年全国硕士研究生招生考试心理学专业基础考试大纲
2024 NIAN QUANGUO SHUOSHI YANJIUSHENG ZHAOSHENG KAOSHI XINLIXUE
ZHUANYE JICHU KAOSHI DAGANG

策划编辑　李笑雪		责任编辑　李笑雪		封面设计　张雨微	
版式设计　马　云		责任校对　吕红颖		责任印制　刁　毅	

出版发行	高等教育出版社	网　　址	http：//www.hep.edu.cn
社　　址	北京市西城区德外大街 4 号		http：//www.hep.com.cn
邮政编码	100120	网上订购	http：//www.hepmall.com.cn
印　　刷	北京玥实印刷有限公司		http：//www.hepmall.com
开　　本	880mm×1230mm　1/32		http：//www.hepmall.cn
印　　张	2.75		
字　　数	49 千字	版　　次	2023 年 9 月第 1 版
购书热线	010-58581118	印　　次	2023 年 9 月第 1 次印刷
咨询电话	400-810-0598	定　　价	15.00 元

本书如有缺页、倒页、脱页等质量问题,请到所购图书销售部门联系调换

版权所有　侵权必究

物　料　号　61126-00

目　录

Ⅰ 考试性质

　　心理学专业基础是为高等院校和科研院所招收心理学学术学位硕士研究生而设置的具有选拔性质的全国硕士研究生招生考试科目,其目的是科学、公平、有效地测试考生掌握心理学学科大学本科阶段专业基础知识、基本理论、基本方法的水平和分析问题、解决问题的能力。评价的标准是高等院校心理学学科优秀本科毕业生所能达到的及格或及格以上水平,以利于各高等院校和科研院所择优选拔,确保硕士研究生的招生质量。

II 考查目标

心理学专业基础考试内容涵盖心理学导论、发展与教育心理学、实验心理学、心理统计与测量等学科基础课程。要求考生系统掌握上述心理学学科的基本理论、基本知识和基本方法，能够运用所学的基本理论、基本知识和基本方法分析和解决有关理论问题和实际问题。

Ⅲ 考试形式和试卷结构

一、 试卷满分及考试时间

本试卷满分为 300 分, 考试时间为 180 分钟。

二、 答题方式

答题方式为闭卷、笔试。

三、 试卷考查内容结构

心理学导论	约 100 分
发展与教育心理学	约 70 分
实验心理学	约 60 分
心理统计与测量	约 70 分

四、 试卷题型结构

单项选择题	60 小题, 每小题 2 分, 共 120 分
多项选择题	10 小题, 每小题 4 分, 共 40 分
简答题	4 小题, 每小题 10 分, 共 40 分
综合题	4 小题, 每小题 25 分, 共 100 分

Ⅳ 考查内容

心理学导论

[考查目标]

1. 理解和掌握心理学的基本概念、基本知识和基本理论，了解当代心理学研究的新趋势。

2. 能够运用心理学的基本理论和方法，分析和解决有关实际问题。

一、心理学概述

（一）心理学的研究对象

（二）心理学的基本任务和研究领域

（三）心理学的研究方法

1. 观察法

2. 实验法

3. 测验法

4. 调查法

5. 个案法

（四）科学心理学的诞生与发展

1. 科学心理学的诞生

2. 主要的心理学流派

3. 当代心理学研究的新趋势

二、 心理和行为的生物学基础

（一）神经系统的进化和脑的可塑性

1. 神经系统的进化

2. 脑的可塑性

（二）神经元

1. 神经元的结构与功能

2. 神经冲动的传导

（三）神经系统

1. 中枢神经系统

2. 周围神经系统

（四）脑功能学说

1. 定位说

2. 整体说

3. 机能系统说

4. 模块说

5. 神经网络学说

三、 意识

（一）意识和无意识

1. 意识和无意识的含义

2. 常见的无意识现象

（二）注意

1. 注意的含义、功能、种类和品质

2. 注意的生理机制和外部表现

3. 注意的认知理论

（三）睡眠与梦

（四）意识的其他状态

四、感觉

（一）感觉概述

1. 感觉的含义

2. 感觉的种类

3. 感觉测量

（二）视觉

1. 视觉的含义

2. 视觉的基本现象

3. 视觉的生理机制

4. 视觉理论

（三）听觉

1. 听觉的含义

2. 听觉的基本现象

3. 听觉的生理机制

4. 听觉理论

（四）其他感觉

五、知觉

（一）知觉概述

1. 知觉的含义

2. 知觉的特性

3. 知觉的组织原则

4. 知觉的信息加工

（二）空间知觉

1. 形状知觉

2. 大小知觉

3. 深度知觉

4. 方位知觉

（三）时间知觉和运动知觉

1. 时间知觉

2. 运动知觉

（四）错觉

1. 错觉的含义

2. 错觉的种类

3. 错觉产生的原因

六、记忆

（一）记忆概述

1. 记忆的含义

2. 记忆的过程

3. 记忆的种类

4. 记忆的生理机制

（二）感觉记忆

1. 感觉记忆的含义

2. 感觉记忆的编码和容量

3. 感觉记忆的其他特征

（三）短时记忆和工作记忆

1. 短时记忆的含义

2. 短时记忆的编码和容量

3. 短时记忆的信息存储和提取

4. 短时记忆的其他特征

5. 工作记忆

（四）长时记忆

1. 长时记忆的含义

2. 长时记忆的编码和容量

3. 长时记忆的信息存储和提取

4. 长时记忆的遗忘

5. 长时记忆的其他特征和记忆策略

（五）内隐记忆

1. 内隐记忆的含义

2. 内隐记忆与外显记忆的关系

七、 思维

（一）思维概述

1. 思维的含义和特征

2. 思维的种类

3. 思维过程

（二）表象和想象

1. 表象的含义、特征、种类和理论

2. 想象的含义、种类和功能

（三）概念、推理和问题解决

1. 概念的含义、种类、形成和概念的组织

2. 推理的含义、种类和理论

3. 问题解决的含义、过程、策略和影响因素

（四）决策

1. 决策的含义和种类

2. 决策的理论

3. 决策过程中的启发法策略

八、 语言

（一）语言概述

1. 语言的含义和功能

2. 语言的特征

3. 语言的结构和组织规则

4. 语言的生理机制

（二）口语的理解和产生

1. 口语理解的特点

2. 口语理解的过程和影响因素

3. 口语产生

（三）书面语言的理解和产生

1. 书面语言理解的特点

2. 词汇识别

3. 句子和语篇的理解

（四）双语的加工

九、 情绪和情感

（一）情绪和情感概述

1. 情绪和情感的含义、关系和功能

2. 情绪的维度

3. 情绪和情绪状态的分类

4. 情绪的生理机制

（二）表情

1. 表情的含义

2. 表情的种类和识别

（三）情绪理论

1. 情绪的早期理论

2. 情绪的认知理论

（四）情绪智力与情绪调节

1. 情绪智力的含义和理论

2. 情绪调节的含义和理论

3. 情绪调节的策略与方法

十、动机

（一）动机

1. 动机的含义和功能

2. 动机的种类

3. 动机与行为效率的关系

4. 动机的理论

（二）需要

1. 需要的含义

2. 需要的种类

3. 需要的理论

（三）意志

1. 意志的含义

2. 意志行动的过程和动机冲突

3. 意志的品质

十一、 能力

（一）能力概述

1. 能力和智力的含义

2. 能力的种类

（二）智力理论

1. 心理测量取向的智力理论

2. 智力理论的新发展

（三）智力的测量

（四）智力发展

1. 智力发展的一般趋势

2. 智力发展的个体差异

3. 影响智力发展的因素

十二、人格

（一）人格概述

1. 人格的含义

2. 人格的特征

3. 人格的结构

（二）人格理论

1. 人格特质理论

2. 精神分析人格理论

3. 人本主义人格理论

4. 人格的社会学习理论

（三）人格的形成

1. 人格形成的生物学基础

2. 后天环境等因素对人格形成的影响

（四）人格的测量

十三、社会心理

（一）社会认知

1. 自我

2. 归因

3. 社会知觉与社会判断

4. 内隐社会认知

（二）社会态度

1. 社会态度的含义

2. 社会态度的成分

3. 社会态度的理论

4. 说服与态度改变

（三）人际关系

1. 人际关系的基础

2. 亲密关系：友谊与爱情

3. 中国人人际关系的特点

（四）社会行为

1. 偏见与歧视

2. 利他与侵犯

3. 合作与竞争

（五）社会影响

1. 从众、顺从与服从

2. 社会促进与社会懈怠

3. 团体极化与团体思维

4. 文化及其社会影响

（六）应用

1. 社会心理学与健康

2. 积极心理学

发展与教育心理学

[考查目标]

1. 理解和掌握发展与教育心理学的基本概念、主要理论及其对教育实践的启示。

2. 理解和掌握认知、言语、社会性等领域发展的年龄特征、相关理论及其经典实验研究。

3. 能够运用发展与教育心理学的基本概念与基本原理，认识和分析个体学习、发展与教育教学过程中的各种现象与相关问题。

发展心理学

一、 发展心理学概述

（一）发展心理学的研究设计与研究方法

（二）发展心理学的历史

二、 心理发展的基本理论

（一）心理发展的主要理论

1. 精神分析理论的心理发展观

2. 行为主义的心理发展观

3. 维果茨基的文化-历史发展观

4. 皮亚杰的认知发展理论

5. 生态系统理论

6. 进化发展理论

（二）心理发展的基本问题

1. 关于遗传和环境的争论

2. 发展的连续性与阶段性

3. 儿童的主动性与被动性

4. 儿童心理发展的"关键期"问题

三、 婴儿心理发展

（一）婴儿神经系统的发展

1. 婴儿大脑的发展

2. 新生儿反射

（二）婴儿动作的发展

1. 动作发展的规律

2. 动作发展的影响因素

（三）婴儿言语的发展

1. 言语发展理论

2. 婴儿言语的获得与发展

（四）婴儿认知的发展

1. 婴儿感知觉的发展

2. 婴儿记忆与思维的发展

（五）婴儿个性与社会性的发展

1. 婴儿的气质

2. 婴儿的情绪

3. 婴儿的依恋

四、幼儿心理发展

（一）幼儿神经系统的发展

（二）幼儿的游戏

（三）幼儿言语的发展

1. 词汇的发展

2. 句子的发展

3. 口语表达能力的发展

（四）幼儿认知的发展

1. 幼儿注意的发展

2. 幼儿记忆的发展

3. 幼儿思维的发展

4. 心理理论

（五）幼儿个性与社会性的发展

1. 自我意识的发展

2. 社会性行为发展

3. 性别角色的社会化

4. 道德发展

五、 童年期儿童的心理发展

（一）童年期儿童的学习

（二）童年期儿童言语的发展

1. 书面言语的发展

2. 内部言语的发展

（三）童年期儿童认知的发展

1. 注意的发展

2. 记忆的发展

3. 思维的发展

4. 元认知发展

（四）童年期儿童个性与社会性的发展

1. 自我意识的发展

2. 社会性行为发展

3. 道德发展

六、 青少年的心理发展

（一）生理发育

1. 生理变化的主要表现

2. 第二性征与性成熟

（二）认知发展

（三）自我与社会关系

1. 青少年自我发展的一般特征

2. 自我同一性的发展

3. 青少年的社会关系与人际交往

（四）情绪

1. 青少年情绪发展的一般特点

2. 青少年常见的情绪困扰与问题行为

七、 成年期个体心理发展

（一）成年期发展理论

（二）认知发展

（三）人格发展

（四）社会性发展

（五）临终心理

教育心理学

一、 学习与心理发展

（一）学习的含义与作用

（二）学习的分类

1. 学习水平分类

2. 学习性质分类

3. 学习结果分类

（三）学习与心理发展的关系

1. 学习与个体心理发展

2. 学习准备与发展性教学

二、 学习理论

（一）学习的联结理论

1. 经典性条件作用说

2. 操作性条件作用说

3. 社会学习理论

（二）学习的认知理论

1. 早期的认知学习理论

2. 布鲁纳的认知－发现说

3. 奥苏伯尔的有意义接受说

4. 加涅的信息加工学习理论

（三）学习的建构理论

1. 建构主义学习理论的基本观点

2. 认知建构主义学习理论与应用

3. 社会建构主义学习理论与应用

（四）学习的人本理论

三、 学习动机

（一）学习动机的含义及其类型

（二）学习动机的主要理论

1. 学习动机的强化理论

2. 学习动机的人本理论

3. 学习动机的社会认知理论

（三）学习动机的培养与激发

四、 知识的学习

（一）知识的类型与表征

（二）陈述性知识的学习

1. 知识的理解与保持

2. 错误概念的转变

（三）程序性知识的学习

1. 智慧技能的学习

2. 认知策略的学习

3. 动作技能的学习

（四）学习的迁移

1. 学习迁移的类型

2. 学习迁移的理论

3. 学习迁移的促进

五、 社会规范的学习

（一）社会规范及其类型

（二）社会规范学习的过程与条件

（三）态度与品德的培养

实验心理学

[考查目标]

  1. 掌握心理学实验研究的基本原则与基本过程。

  2. 掌握心理学实验研究的技术与方法。

  3. 具备实验设计和撰写研究报告的能力。

一、 实验心理学概述

（一）实验心理学的产生和发展

（二）心理学研究中的伦理

（三）心理学实验研究的一般程序

  1. 课题选择与文献查阅

  2. 提出问题与研究假设

  3. 实验设计与实施

  4. 数据处理与统计分析

  5. 研究报告的撰写

二、 心理学实验的变量与设计

（一）心理学实验的含义与基本形式

（二）心理学实验与理论

  1. 实验范式

  2. 实验逻辑

  3. 实验与理论的关系

（三）心理学实验中的变量

1. 自变量及其操纵

2. 因变量及其观测

3. 额外变量及其控制

（四）实验设计

1. 实验设计及评价标准

2. 前实验设计与事后设计

3. 准实验设计

4. 真实验设计

（五）实验研究的效度

1. 内部效度

2. 外部效度

3. 构思效度

4. 统计结论效度

三、 反应时法

（一）反应时概述

1. 反应时的含义

2. 反应时的种类

（二）反应时的影响因素

1. 外部因素

2. 机体因素

（三）反应时技术

1. 减法反应时技术

2. 加法反应时技术

3. 开窗技术

4. 内隐联想测验

四、 心理物理学方法

（一）阈限的测量

1. 极限法

2. 平均差误法

3. 恒定刺激法及其变式

（二）心理量表法

1. 感觉比例法与数量估计法

2. 感觉等距法与差别阈限法

3. 对偶比较法与等级排列法

（三）信号检测论

1. 信号检测论的由来

2. 信号检测论的基本原理

3. 辨别力指数 d' 及接收者操作特性曲线

4. 信号检测论的应用

五、 主要的心理学实验

（一）听觉实验

1. 音高和响度的测定

2. 听觉掩蔽实验

3. 听觉定位实验

（二）视觉实验

1. 视觉适应实验

2. 视敏度的测定

3. 闪光融合临界频率的测定

4. 视觉的颜色现象实验

（三）知觉实验

1. 知觉组织实验

2. 知觉恒常性实验

3. 空间知觉实验

4. 运动知觉实验

5. 无觉察知觉实验

（四）注意实验

1. 过滤器模型及其双耳分听实验

2. 注意资源有限理论及其实验

3. 特征整合理论与错觉性结合实验

4. 双加工理论及其实验

5. 注意的促进和抑制及其正负启动实验

6. 注意的返回抑制实验

7. 刺激反应一致性理论及其冲突效应实验

8. 注意网络测验

（五）记忆实验

1. 感觉记忆实验

2. 短时记忆实验

3. 长时记忆实验

4. 工作记忆实验

5. 内隐记忆实验

6. 前瞻记忆实验

7. 错误记忆实验

8. 定向遗忘实验

9. 提取诱发遗忘实验

（六）思维实验

1. 概念形成与人工概念实验

2. 推理与启发性策略实验

3. 决策的前景理论及其实验

（七）情绪实验

1. 情绪的神经生理指标测量

2. 面部表情的测量

3. 情绪的主观体验测量

4. 情绪实验的常用范式

（八）常用心理实验技术

1. 眼动技术

2. 事件相关电位技术（ERPs）

3. 功能性磁共振成像技术（fMRI）

4. 经颅电刺激技术（t-DCS）

5. 经颅磁刺激技术（TMS）

6. 近红外光学成像技术(fNRIS)

心理统计与测量

[**考查目标**]

1. 正确理解心理统计与心理测量的基本概念,掌握心理统计与心理测量的基本方法。

2. 掌握有关统计分析的原理和方法,能正确解释统计分析结果。

3. 掌握心理测量理论和心理测量指标的计算方法;掌握心理测验编制的技术;能够正确使用常用测验,并对其结果进行解释。

一、 描述统计

(一)统计图表

1. 统计图

2. 统计表

(二)集中量数

1. 算术平均数

2. 中数

3. 众数

(三)差异量数

1. 离差与平均差

2. 四分位差

3. 方差与标准差

4. 变异系数

（四）相对量数

1. 百分位数

2. 百分等级

3. 标准分数

（五）相关量数

1. 积差相关

2. 等级相关

3. 肯德尔等级相关

4. 点二列相关、二列相关

5. Φ 相关、列联相关

二、推断统计

（一）推断统计基础

1. 概率

2. 概率分布

3. 样本平均数的抽样分布

4. 标准误

5. 抽样原理与抽样方法

（二）参数估计

1. 点估计、区间估计

2. 总体平均数的估计

3. 平均数差值的估计

（三）假设检验

1. 假设检验的原理

2. 单个总体平均数的检验

3. 两个总体平均数差异的检验

4. 方差齐性的检验

5. 相关系数的显著性检验

（四）方差分析

1. 方差分析的原理与基本过程

2. 完全随机设计的方差分析

3. 重复测量设计的方差分析

4. 协方差分析

5. 多因素方差分析

6. 事后检验

（五）统计功效与效果量

1. 统计功效与效果量的含义

2. 常用效果量指标的计算

3. 样本量的计算

（六）一元线性回归分析

1. 一元线性回归方程的建立

2. 一元线性回归方程的检验

3. 一元线性回归分析的应用

（七）卡方检验

1. 拟合度检验

2. 独立性检验

（八）非参数检验

1. 独立样本均值差异的非参数检验

2. 相关样本均值差异的非参数检验

（九）多元统计分析初步

1. 多元线性回归分析

2. 主成分分析

3. 探索性因素分析

三、 心理测量理论

（一）心理测量的基础

1. 心理测量的基本概念

2. 心理测量的特征

3. 量表的类型

4. 测验的类型

（二）经典测量理论

1. 经典测量理论模型

2. 测量误差

3. 测量信度

4. 测量效度

5. 信度和效度的关系

（三）现代测量理论

1. 概化理论

2. 项目反应理论

3. 认知诊断理论

四、 心理测验及其应用

（一）心理测验的编制技术

1. 测验的设计

2. 心理测验编制的基本程序

3. 测验目标与命题双向细目表

4. 题目编制技术

5. 测验标准化

6. 测验等值技术

（二）心理测验项目分析

1. 难度

2. 区分度

3. 项目的综合分析和筛选

（三）测验常模

1. 常模与常模团体

2. 分数转换与合成

3. 常模的编制

4. 几种常用的常模

5. 常模测验分数的解释

（四）标准参照测验

1. 标准参照测验的定义与作用

2. 标准参照测验的项目分析

3. 标准参照测验的信度与效度

4. 标准参照测验的分数线划定及分数解释

（五）常用心理测验及其应用

1. 常用智力测验,如韦克斯勒智力测验、瑞文推理测验等

2. 常用人格测验,如明尼苏达多项人格问卷、艾森克人格问卷、罗夏墨迹测验等

3. 其他常用测验,如贝克焦虑量表等

Ｖ 题型示例

一、单项选择题：1~60 小题，每小题 2 分，共 120 分。下列每题给出的四个选项中，只有一个选项是最符合题目要求的。

试题示例：

1. "入芝兰之室，久而不闻其香。"这种感觉现象是

   A. 对比　　　B. 适应　　　C. 后像　　　D. 感受性

2. 标志着科学儿童心理学诞生的《儿童心理》一书的作者是

   A. 鲍德温（J.M. Baldwin）　　　B. 皮亚杰（J. Piaget）

   C. 普莱尔（W. Preyer）　　　D. 弗洛伊德（S. Freud）

3. 常用来估计测验一致性信度的 α 系数是

   A. 信度的精确估计　　　B. 信度估计的上限

   C. 信度估计的下限　　　D. 依条件而定

二、多项选择题：61~70 小题，每小题 4 分，共 40 分。下列每题给出的四个选项中，至少有两个选项是符合题目要求的。多选、少选或错选均不得分。

试题示例：

66. 下列心理现象中，属于学习的有

    A. 儿童进入青春期后出现变声现象

    B. 运动员吃兴奋剂提高了成绩

    C. 昆虫形成对光收缩身体的条件反射

    D. 近朱者赤，近墨者黑

67. 感觉阈限测量的基本方法有

A. 恒定刺激法　　　　　　B. 调整法

C. 等级法　　　　　　　　D. 最小变化法

　　三、简答题:71~74 小题,每小题 10 分,共 40 分。

试题示例:

71. 简述需要与动机的关系。

72. 简述视崖实验及其意义。

　　四、综合题:75~78 小题,每小题 25 分,共 100 分。

试题示例:

75. 论述感觉记忆、短时记忆和长时记忆的关系。

76. 为研究某类型错觉实验中夹角对错觉量的影响,取 8 名被试,每人先后进行四种角度下的判断,结果见下表,请问不同夹角对错觉量是否有显著影响?($\alpha = 0.05$)

被试	夹角				和	平方和
	15°	30°	45°	60°		
A	10.5	10.3	9.7	8.8	39.30	387.87
B	10.2	9.8	9.7	8.8	38.50	371.61
C	10.6	10.5	9.7	9.0	39.80	397.70
D	9.5	9.5	8.9	8.3	36.20	328.60
E	9.5	9.4	8.8	8.4	36.10	326.61
F	9.8	9.7	9.5	9.0	38.00	361.38
G	11.2	11.2	10.1	9.4	41.90	441.25
H	9.5	9.2	9.0	8.0	35.70	319.89
和	80.80	79.60	75.40	69.70	305.5	
平方和	818.88	795.16	712.18	608.69		2934.91

提 示： $SS_r = \sum \dfrac{(\sum R)^2}{K} - \dfrac{(\sum \sum R)^2}{nK}$ ； $SS_b = \sum \dfrac{(\sum X)^2}{n} - \dfrac{(\sum \sum X)^2}{nK}$ ；

$SS_t = \sum \sum X^2 - \dfrac{(\sum \sum X)^2}{nK}$ ； $F_{0.01}(3, 21) = 4.87$, $F_{0.01}(7, 21) = 3.65$, $F_{0.01}(3, 7) = 8.45$, $F_{0.01}(7, 3) = 27.67$

附　录

2022 年全国硕士研究生招生考试
心理学专业基础试题

（科目代码：312）

一、单项选择题：1~65 小题，每小题 2 分，共 130 分。下列每题给出的四个选项中，只有一个选项是最符合题目要求的。

1. 《论灵魂》是一部古老的著作，它总结了当时西方人对心理的认识，其作者是

  A. 柏拉图   B. 苏格拉底

  C. 亚里士多德   D. 笛卡儿

2. 在严格控制条件下，使用 fMRI 技术研究不同任务引起的大脑皮层区域的激活情况。这种研究方法属于

  A. 测验法   B. 观察法

  C. 调查法   D. 实验法

3. 下列心理现象中，可以用视觉系统的侧抑制作用解释的是

  A. 马赫带现象   B. 普肯野现象

  C. 闪光融合   D. 视觉掩蔽

4. 韦伯定律适用的刺激强度属于

  A. 低强度   B. 中等强度

C. 高强度　　　　　　　D. 各种强度

5. 在社会生活中,人们常会表现出自利偏差(self-serving bias)。能对这种偏差作出较好解释的理论是

A. 社会学习理论　　　　B. 印象管理理论

C. 社会交换理论　　　　D. 行为归因理论

6. 下列选项中,不属于人耳对声音进行定向的物理线索的是

A. 时间差　　　　　　　B. 强度差

C. 相位差　　　　　　　D. 音色差

7. 根据维纳的归因理论,运气属于

A. 内部、稳定、不可控因素

B. 内部、不稳定、可控因素

C. 外部、稳定、不可控因素

D. 外部、不稳定、不可控因素

8. 下列关于个体进入催眠状态后的表述中,错误的是

A. 进入睡眠状态

B. 主动性反应降低

C. 受暗示程度提高

D. 与在清醒状态下记录到的脑电波相似

9. "朝辞白帝彩云间,千里江陵一日还。两岸猿声啼不住,轻舟已过万重山。"读者根据诗中的描述在脑中出现的形象是

A. 记忆表象　　　　　　B. 遗觉表象

C. 想象表象　　　　　　D. 感觉表象

10. 小李办公桌上有一颗螺丝松了,在找不到螺丝刀的情况下,

他并没想到用桌子上的一把小水果刀来拧紧螺丝。这反映的影响问题解决的因素是

A. 功能固着 　　　　　 B. 原型启发

C. 动机水平 　　　　　 D. 知识表征方式

11. 人们通过发音器官或手的活动,把所要表达的思想说出来、写出来或用手势表达出来。这一过程称为

A. 语言理解 　　　　　 B. 语言产生

C. 言语表征 　　　　　 D. 言语解析

12. 与单词的视觉记忆有关,并有助于实现视觉与听觉跨通道联合的皮层区域是

A. 布洛卡区 　　　　　 B. 威尔尼克区

C. 艾克斯勒区 　　　　 D. 角回

13. 下列选项中,支持詹姆斯—兰格理论的是

A. 脊髓受损伤患者的情绪体验强度降低

B. 药物引起的生理变化不会导致情绪的产生

C. 机体上的生理变化在各种情绪状态下差异不大

D. 植物性神经系统支配的机体变化缓慢,而情绪变化迅速

14. 根据艾克曼(P.Ekman)的研究,人类的基本情绪不包括

A. 愤怒 　　　　　　　 B. 悔恨

C. 恐惧 　　　　　　　 D. 惊奇

15. 在吉尔福特的三维结构模型中,智力的三个维度是

A. 内容、操作、产物 　 B. 认知、语义、类别

C. 记忆、关系、符号 　 D. 行为、评价、蕴涵

16. 对个人服从权威现象进行了经典实验研究的心理学家是

    A. 阿希(S.Asch)   B. 津巴多(P.Zimbardo)

    C. 谢里夫(M.Sherif)   D. 米尔格拉姆(S.Milgram)

17. 按照社会渗透理论,与一个刚认识的人进行交往时应遵守的规范是

    A. 相互性规范   B. 一致性规范

    C. 互补性规范   D. 连续性规范

18. 下列选项中,与罹患冠心病相关最高的人格类型是

    A. A型人格   B. B型人格

    C. C型人格   D. T型人格

19. 人在自觉确立目标、调节其行为方式与控制水平时表现出来的性格特征是

    A. 态度特征   B. 理智特征

    C. 情绪特征   D. 意志特征

20. 1922年出版的《衰老:人的后半生》一书的作者是

    A. 高尔顿   B. 普莱尔

    C. 卡特尔   D. 霍尔

21. 艾里克森认为人格发展中可能存在"合法延缓期",这种现象出现在

    A. 幼儿期   B. 青年期

    C. 中年期   D. 老年期

22. 某婴儿在与母亲独处时,会积极主动地探索环境;与母亲分离后,明显表现出不开心。当母亲返回后,婴儿会欣喜并寻

求身体上的接触。该婴儿所属的依恋类型是

A. 回避型　　　　　　　　B. 反抗型

C. 迟缓型　　　　　　　　D. 安全型

23. 游戏是儿童认识新的复杂客体和事件的途径。持这种观点的游戏理论是

A. 复演论　　　　　　　　B. 认知动力说

C. 精神分析理论　　　　　D. 觉醒—寻求理论

24. 6~8个月的婴儿之间的交往主要指向玩具或物品,并且大部分社交行为由单方面发起。这说明其同伴交往处于

A. 以客体为中心阶段　　　B. 简单交往阶段

C. 互补性交往阶段　　　　D. 同伴游戏阶段

25. 一般认为由具体形象思维过渡到抽象逻辑思维的关键年龄是

A. 4~5岁　　　　　　　　B. 7~8岁

C. 10~11岁　　　　　　　D. 13~14岁

26. 提出"学生掌握学科基本结构的最好方法是发现法"的心理学家是

A. 桑代克　　　　　　　　B. 维果茨基

C. 皮亚杰　　　　　　　　D. 布鲁纳

27. 在连续强化条件下,新行为反应的特点是

A. 建立快,消退也快　　　B. 建立慢,消退也慢

C. 建立快,消退慢　　　　D. 建立慢,消退快

28. 某一受过处分的学生,因有良好的行为表现而被撤销处分,

此后该生的良好行为表现大大增加。这一现象体现了

A. 正强化作用　　　　　B. 负强化作用

C. 惩罚作用　　　　　　D. 消退作用

29. 学生在掌握"亲社会行为"概念后,在新冠疫情防控期间,进一步认识到"居家隔离"和"佩带口罩"也属于亲社会行为。这一学习过程属于

A. 相关类属学习　　　　B. 派生类属学习

C. 并列结合学习　　　　D. 归纳概括学习

30. 掌握目标定向的学生倾向于将学业成败归因于

A. 能力高低　　　　　　B. 努力程度

C. 运气好坏　　　　　　D. 任务难度

31. 下列选项中,指向学习过程的内部动机成分是

A. 认知内驱力　　　　　B. 社会交往内驱力

C. 亲和内驱力　　　　　D. 自我提高内驱力

32. 依据心理学论文写作规范,实验结果的常见表格形式是

A. 三线表　　　　　　　B. 四线表

C. 三格表　　　　　　　D. 四格表

33. 在信号检测实验中,每次向被试呈现 2~8 个刺激,其中只有 1 个信号,其余均为噪音,要求被试判断哪个是信号,最后根据实验次数和被试正确判断的次数计算被试的辨别力。这种方法是

A. 迫选法　　　　　　　B. 有无法

C. 评价法　　　　　　　D. 分段法

34. 沃(N. Waugh)和诺曼(D.Norman)在短时记忆研究中,分别考察间隔时间和间隔数字对遗忘的作用,以便将痕迹消退和干扰两个因素分开。该研究采用的方法是

A. 节省法   B. 重学法

C. 提示法   D. 探测法

35. 研究"吸烟与肺癌之间关系"的适宜设计是

A. 回溯设计   B. 匹配设计

C. 重复设计   D. 拉丁方设计

36. 在某实验中,有三种情绪(积极、消极和中性)图片,共有 6 名被试参与实验,其实验设计方案如下表所示。该研究设计属于

A. 单因素被试间设计   B. 单因素被试内设计

C. 多因素被试间设计   D. 多因素被试内设计

6 名被试分配表

积极情绪图片	消极情绪图片	中性情绪图片
O1	O1	O1
O2	O2	O2
O3	O3	O3
O4	O4	O4
O5	O5	O5
O6	O6	O6

37. 被试固有的和习得的差异是影响研究内部效度的重要因素。这些因素属于

A. 前摄历史因素　　　　B. 后摄历史因素

C. 选择因素　　　　　　D. 成熟因素

38. 实验研究结果能够推广到其他总体、变量条件、时间和情境的程度,代表着研究的

A. 内部效度　　　　　　B. 外部效度

C. 统计效度　　　　　　D. 结构效度

39. 从100人的总体中选取25人作为样本。先随机抽出第1名被试,然后每隔4名抽取一名被试……依此类推,直至抽满25名被试。这种抽样方法是

A. 分层随机抽样　　　　B. 整群随机抽样

C. 系统随机抽样　　　　D. 简单随机抽样

40. 在同一感觉通道下,选择反应时与选项数目的关系通常是

A. 选择反应时与选项数目成正比关系

B. 选择反应时与选项数目成反比关系

C. 选择反应时与选项数目的对数成正比关系

D. 选择反应时与选项数目的对数成反比关系

41. 用刺激或指导语来引导被试注意一个明确的输入源,然后将对这一输入源的加工和对其他输入源的加工进行比较。这种注意研究范式是

A. 整体局部范式　　　　B. 过程分离范式

C. 提示范式　　　　　　D. 过滤范式

42. 下列仪器设备中,能改变双眼视差的是

A. 动景盘　　　　　　　B. 闪光融合仪

C. 实体镜　　　　　　　　D. "视崖"实验装置

43. 在一个 2×2 的实验研究中,30 名被试中的 15 名接受其中 2 种实验处理,另外 15 名被试接受另外 2 种实验处理。该实验设计是

A. ABA 设计　　　　　　　B. 混合设计

C. 匹配设计　　　　　　　D. 被试间设计

44. 可能造成注意瞬脱(attentional blink)现象的研究范式是

A. 空间线索范式　　　　　B. 启动范式

C. 多目标追踪范式　　　　D. 快速系列呈现范式

45. 用最小变化法测量差别阈限时,从"−"到"="的转折点称为下限,从"="到"+"的转折点称为上限。上限与下限之间称为不肯定间距,差别阈限等于 1/2 不肯定间距。这时求得的差别阈限为

A. 主观差别阈限　　　　　B. 客观差别阈限

C. 绝对差别阈限　　　　　D. 相对差别阈限

46. 经典 Stroop 实验所使用的因变量测量指标为

A. 反应时　　　　　　　　B. 比率

C. 持续时间　　　　　　　D. 偏好程度

47. 与地球 24 小时的昼夜节律变化不同,神州十三号航天员在太空中大约每 90 分钟就会经历一个节律变化。一项研究欲比较节律对地球和空间站的航天员睡眠效率的影响,则节律是

A. 自变量　　　　　　　　B. 因变量

C. 控制变量　　　　　　 D. 无关变量

48. 在心理物理学中,制作等距量表采用的主要方法是

    A. 等级排列法　　　　　 B. 对偶比较法

    C. 差别阈限法　　　　　 D. 分段法

49. 明确提出"凡是存在必有数量""凡有数量必可测量"的心理学家分别是

    A. 桑代克、麦柯尔　　　　 B. 桑代克、瑟斯顿

    C. 麦柯尔、高尔顿　　　　 D. 瑟斯顿、高尔顿

50. 一项智力测验总体平均分为 75、标准差为 10。某学生的测验分数为 85,若将其转换成平均分为 100、标准差为 15 的标准分数,则转换后的分数是

    A. 85　　　　　　　　　 B. 100

    C. 110　　　　　　　　　 D. 115

51. 在一元线性回归方程 $\hat{Y} = a + bX$ 中,预测源是

    A. a　　　　　　　　　 B. b

    C. X　　　　　　　　　 D. $\hat{Y}$

52. 下列有关真分数理论的表述中,正确的是

    A. 真分数和观察分数的相关为 1

    B. 真分数和误差分数的相关为 0

    C. 真分数的期望值等于观察分数

    D. 平行测验的观察分数相等

53. 与诊断性测验相比,人事选拔测验更加重视

    A. 预测效度　　　　　　 B. 内容效度

C. 表面效度 D. 构想效度

54. 在次数分布曲线中,左尾较长的单峰分布最可能是

A. 正偏态分布 B. 负偏态分布

C. 正态分布 D. 二项分布

55. 方差分析时,总变异可以分解为意义明确、彼此相互独立的

几个不同部分。这样做的依据是因为方差具有

A. 离散性 B. 集中性

C. 变异性 D. 可加性

56. 对一个 $2 \times 2 \times 2$ 的研究设计,如果要进行方差分析,变异源中

的主效应一共有

A. 2 个 B. 3 个

C. 6 个 D. 8 个

57. 下列选项中,反映数据分布离散趋势的是

A. 差异量数 B. 偏态量数

C. 集中量数 D. 地位量数

58. 若自变量 X 与因变量 Y 的相关系数为 -0.5,则 Y 对 X 的一

元线性回归方程的决定系数为

A. 0.25 B. 0.5

C. 0.55 D. 0.75

59. 数据分布比较分散且有极端值时,描述集中趋势的最佳统

计量是

A. 平均数 B. 中数

C. 全距 D. 众数

60. 有 15 道四择一的单项选择题,某考生随机猜答,恰好答对 5 道题的概率为

A. $C_{15}^5\left(\dfrac{1}{15}\right)^5\left(\dfrac{4}{15}\right)^{10}$　　　　B. $C_{15}^5\left(\dfrac{1}{5}\right)^5\left(\dfrac{4}{5}\right)^{10}$

C. $C_{15}^5\left(\dfrac{1}{4}\right)^{10}\left(\dfrac{4}{5}\right)^5$　　　　D. $C_{15}^5\left(\dfrac{1}{4}\right)^5\left(\dfrac{3}{4}\right)^{10}$

61. 总体服从正态分布且方差已知,对容量为 n 的样本的平均数而言,其标准误计算公式为

A. $\dfrac{\sigma}{\sqrt{n}}$　　　　　　　B. $\dfrac{S_n}{n-1}$

C. $\dfrac{S_{n-1}}{\sqrt{n}}$　　　　　　　D. $\dfrac{\sigma}{n-1}$

62. 某测试满分为 20 分,且测试结果服从正态分布。要了解该测试结果与性别是否有关联,最适当的方法是

A. 等级相关　　　　　　B. 二列相关

C. 点二列相关　　　　　D. χ^2 检验

63. 已知两个正态总体独立且方差未知,但两总体方差相等。检验其均值的差异是否具有统计学意义,最适当的统计方法是

A. 符号检验　　　　　　B. 秩和检验

C. t 检验　　　　　　　D. Z 检验

64. 区间估计依据的是

A. 概率论原理　　　　　B. 反证法原理

C. 抽样分布原理　　　　D. 小概率事件原理

65. 依据项目反应理论,下列表述中,正确的是

   A. 项目的难度影响区分度

   B. 项目的难度不影响信息函数

   C. 项目的参数具有跨样本不变性

   D. 项目的区分度不影响信息函数

二、多项选择题:66~75 小题,每小题 3 分,共 30 分。下列每题给出的四个选项中,至少有两个选项是符合题目要求的。多选、少选或错选均不得分。

66. 全色盲患者能看到的颜色有

   A. 红色   B. 绿色

   C. 灰色   D. 白色

67. 下列选项中,采用算法策略解决问题的有

   A. 根据自己的经验下象棋

   B. 根据公式和已知条件解题

   C. 尝试所有的数码组合开密码锁

   D. 在图书馆按照编目查找某本书籍

68. 下列选项中,影响语音知觉的因素有

   A. 语音相似性   B. 语音强度

   C. 噪音强度   D. 语境

69. 拉扎勒斯(R.Lazarus)的认知—评价理论认为,评价包含

   A. 初评价   B. 次评价

   C. 再评价   D. 终评价

70. 高中生抽象逻辑思维发展的显著特征有

A. 计划性   B. 假设性

C. 形象化   D. 形式化

71. 下列关于学习概念的表述中,正确的有

A. 学习都伴随着行为的变化

B. 行为变化都意味着学习

C. 学习是个体经验获得过程

D. 条件反射形成都是学习

72. 艾宾浩斯对心理学的贡献有

A. 确立遗忘曲线

B. 创立记忆研究的节省法

C. 首次用实验法对高级心理过程进行探索

D. 首先使用无意义音节作为记忆的研究材料

73. 各种混色光对视觉器官的作用过程中,遵循的规律有

A. 补色律   B. 间色律

C. 替代律   D. 乘法律

74. 下列有关假设检验的陈述中,正确的有

A. 虚无假设是对总体参数的陈述

B. 虚无假设是对样本统计量的陈述

C. p 值越大,拒绝虚无假设的可能性越小

D. 其他条件不变,总体方差越小,越有可能拒绝虚无假设

75. 心理测量误差的来源有

A. 测量目的   B. 测量工具

C. 测量对象   D. 施测过程

三、简答题:76~80 小题,每小题 10 分,共 50 分。

76. 简述旁观者效应的含义及成因。

77. 假如你为某品牌汽车参加车展设计一个展台,你将在设计中如何运用不随意注意的原理来吸引观众?

78. 简述学习迁移的概括化理论及其对教学的启示。

79. 与单因素实验设计相比,多因素实验设计有哪些优缺点?

80. 下表为某个信号检测实验的结果。请据此画出 ROC 曲线,并计算出先定概率 0.30 下的 β 和 d' 值。

不同先定概率下的 P、Z、O 值

项目	0.10			0.30			0.50			0.70			0.90		
	P	Z	O	P	Z	O	P	Z	O	P	Z	O	P	Z	O
y/SN	0.30	-0.52	0.34	0.53	0.07	0.40	0.70	0.52	0.34	0.84	0.99	0.24	0.92	1.40	0.14
y/N	0.04	-1.75	0.08	0.13	-1.12	0.20	0.22	-0.77	0.29	0.43	-0.17	0.39	0.60	0.25	0.38

四、综合题:81~83 小题,每小题 30 分,共 90 分。

81. 小张期末考试成绩不理想。在考试时,有些知识由于平时没有及时复习而遗忘了;有些知识由于混淆而不能准确回答考题;有些知识明明记住了,但就是想不起来。请用三个遗忘的相关学说对小张的遗忘现象进行解释。

82. 小明、小华听了"海因兹偷药"的故事后,小明认为"应该偷药。海因兹并没有让药商真的有什么损失,而且他可以慢慢还钱。如果他不想失去妻子,就应该去拿药。"而小华则认为"不应该偷药。海因兹自然想救他的妻子,但偷药终归是错的。不管怎样,都必须遵守规则。"请阐述科尔伯格的道德认知发展阶段理论,并据此分析小明和小华分别所处的道德认知发展阶段。

83. 某校过去五年的高考学生选择专业志愿的人数比例见表 1。为检验今年该校学生选择专业志愿的态度是否发生了变化,现随机抽取 200 名学生,对其高考志愿选择情况进行调查,结果见表 2。今年男、女学生填报社会科学和自然科学的人数见表 3。

表 1　过去五年高考学生选择专业志愿人数比例

专业	社会科学	自然科学	医学	艺术	总计
比例(%)	20	40	30	10	100

表 2　今年高考学生选择专业志愿人数($n = 200$)

专业	社会科学	自然科学	医学	艺术	总计
人数	30	70	60	40	200

表 3　今年高考男女生选择社会科学和自然科学专业人数

性别	专业		合计
	社会科学	自然科学	
男	10	50	60
女	20	20	40
合计	30	70	100

请回答下列问题:

(1)根据表 1、表 2 数据,应选用什么统计方法对高考学生选择专业志愿态度的变化进行分析?

（2）根据表1、表2数据，计算并回答与过去五年数据相比，今年学生选择专业志愿的人数分布是否发生了变化？（$\alpha = 0.05$）

（3）要判断表3中男、女生在社会科学和自然科学志愿选择上是否存在差异，可用什么统计方法来判断？

附表1　t值表（部分）

自由度 df	α 值（双侧）			
	0.1	0.05	0.02	0.01
10	1.812	2.228	2.764	3.169
20	1.725	2.086	2.528	2.845
30	1.697	2.042	2.457	2.750
40	1.684	2.021	2.423	2.704
60	1.671	2.000	2.390	2.660
120	1.658	1.980	2.358	2.617
∞	1.645	1.960	2.326	2.576
df	0.05	0.025	0.01	0.005
	α 值（单侧）			

附表2　χ^2 分布表（部分）

自由度 df	$\alpha = 0.01$	$\alpha = 0.05$
1	6.63	3.84
2	9.21	5.99
3	11.3	7.81
4	13.3	9.49
5	15.1	11.1
6	16.8	12.6

附表3 F 分布表（部分）$\alpha = 0.05$

分母自由度 df	分子自由度 df						
	10	20	30	40	60	120	∞
10	3.72	3.42	3.31	3.26	3.20	3.14	3.08
20	2.77	2.46	2.35	2.29	2.22	2.16	2.09
30	2.51	2.20	2.07	2.01	1.94	1.87	1.79
40	2.39	2.07	1.94	1.88	1.80	1.72	1.64
60	2.27	1.94	1.82	1.74	1.67	1.58	1.48
120	2.16	1.82	1.69	1.61	1.53	1.43	1.31
∞	2.05	1.71	1.51	1.48	1.39	1.27	1.00

2022 年全国硕士研究生招生考试
心理学专业基础试题参考答案

一、单项选择题

1. C	2. D	3. A	4. B	5. B
6. D	7. D	8. A	9. C	10. A
11. B	12. D	13. A	14. B	15. A
16. D	17. A	18. A	19. D	20. D
21. B	22. D	23. B	24. A	25. C
26. D	27. A	28. B	29. A	30. B
31. A	32. A	33. A	34. D	35. A
36. B	37. A	38. B	39. C	40. C
41. C	42. C	43. B	44. D	45. C
46. A	47. A	48. C	49. A	50. D
51. C	52. B	53. A	54. B	55. D
56. B	57. A	58. A	59. B	60. D
61. A	62. C	63. C	64. C	65. C

二、多项选择题

66. CD	67. BCD	68. ABCD	69. ABC	70. ABD
71. CD	72. ABCD	73. ABC	74. ACD	75. BCD

三、简答题

76.【答案要点】

（1）含义:当有其他人存在时,人们不大可能去帮助他人,其他人越多,帮助的可能性越小,同时给予帮助前的延迟时间越长,这种现象称为旁观者效应。

（2）成因:责任扩散、情境的不明确性、评价恐惧。

77.【答案要点】

不随意注意受刺激物本身特征和个体主观因素的影响,因此在设计展台时需要考虑:

（1）刺激物本身特征,如刺激强度大、对比鲜明、新颖、运动变化等,并结合展台的设计方案具体说明。

（2）个体主观因素,如兴趣、需要、期待等,并结合展台的设计方案具体说明。

78.【答案要点】

（1）概括化理论的基本内容:新旧情境的共同因素只是迁移发生的客观前提,概括化的原理和经验才是迁移得以产生的核心。掌握有关领域的原理、原则,提高知识经验的概括水平,可以促进学习的迁移。

（2）对教学工作的启示有:

① 在教材内容的选择上,把具有高度概括性的基本概念和原理放在教材的中心地位;

② 在教材呈现的顺序上,最好从一般到个别,遵循不断分化的认识路线;

③ 在教学过程中,注意引导学生将所掌握的知识经验提高到原理、原则水平;

④ 不断变更概念的无关属性或规则的应用情境,为学生的

概括提供条件；

⑤ 注意培养学生的概括能力。

79.【答案要点】

（1）优点：① 研究效率高；② 可考察多个自变量间的交互作用；③ 可作为实验控制额外变量的策略；④ 实验结果代表性高，具有更高的外推生态效度。

（2）缺点：① 过多的交互作用导致变量之间的因果关系不够清晰；② 实验设计复杂，要求高。

80.【答案要点】

（1）ROC 曲线如下图所示。

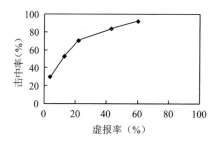

（2）$\beta = \dfrac{O_{\text{击中}}}{O_{\text{虚报}}} = \dfrac{0.40}{0.20} = 2.00$

（3）$d' = Z_{\text{击中}} - Z_{\text{虚报}} = 0.07 - (-1.12) = 1.19$

四、综合题

81.【答案要点】

（1）衰退说：遗忘是记忆痕迹得不到强化而逐渐减弱，以致最后消失的结果。小张平时没有及时复习，所学的知识因为记忆痕迹衰退而遗忘。

（2）干扰说：遗忘是由于在学习和回忆之间受到其他刺激的干扰所致，一旦干扰被排除，记忆就能恢复。小张发现有些知识混淆在一起了，因此不能准确回答考题，可以用干扰说进行解释。

（3）提取失败说：存储在长时记忆中的信息通常是不会丢失的，之所以想不起来，是因为在提取有关信息的时候没有找到适当的线索。小张觉得明明记住了，但就是想不起来了，可以用提取失败说进行解释。

82.【答案要点】

（1）科尔伯格将儿童、青少年的道德认知发展分为三级水平六个阶段。

水平一：前习俗道德水平。儿童无内在的道德标准，依据行为的具体后果和自身需要来判断是非。

阶段1：惩罚与服从取向阶段。以避免体罚与服从权威作为道德判断的依据。不能考虑他人的观点，倾向于自我中心。

阶段2：相对功利阶段。以是否符合自己的需要和偶尔考虑到他人观点为道德判断的依据。尽管考虑他人的利益，但多是出于利益交换原则。

水平二：习俗道德水平。个体能够从社会成员的角度来思考道德问题。以满足社会舆论期望、遵循社会准则和习俗、受到赞扬为判断道德的依据。

阶段3：好孩子（人际合作）取向阶段。以是否能取悦于他人作为道德判断的依据。

阶段4:法律和秩序取向阶段。以是否遵守法律和履行责任作为道德判断的依据。

水平三:后习俗道德水平。个体以伦理原则和价值观来解释道德问题。

阶段5:社会契约取向阶段。认为法律和道德规范是大家共同约定的,可以改变。

阶段6:普遍伦理取向阶段。判断是非对错的标准是超越法律之上的普遍的道德原则,如个人的价值和尊严等。

(2)小明处于阶段2,因为小明的回答以是否符合自己的需要和偶尔考虑到他人观点为道德判断的依据。

小华处于阶段4,因为小华的回答以是否遵守法律和履行责任作为道德判断的依据。

83.【答案要点】

(1)根据表1、表2给出的数据,要判断高考学生选择专业志愿的态度是否发生了变化,要做拟合性检验,最恰当的统计分析方法是采用 χ^2 检验。

(2)H_0:学生选择专业志愿的人数分布没有发生变化。

检验统计量: $\chi^2 = \sum\limits^{k} \dfrac{(f_0 - f_e)^2}{f_e}$

$$= \dfrac{(30-40)^2}{40} + \dfrac{(70-80)^2}{80} + \dfrac{(60-60)^2}{60} +$$

$$\dfrac{(40-20)^2}{20} = 23.75$$

临界值: $\chi^2_{0.05, df=3} = 7.81$

结论:拒绝原假设,高考学生选择专业志愿的人数分布发生了变化。

（3）判断男、女生志愿选择是否存在差异,可用 2×2 列联表分析方法。

2023年全国硕士研究生招生考试
心理学专业基础试题

（科目代码:312）

一、单项选择题:1~65 小题,每小题 2 分,共 130 分。下列每题给出的四个选项中,只有一个选项是最符合题目要求的。

1. 铁钦纳(E. B. Titchener)认为,构成意识的元素是

　　A. 感觉、知觉、情感　　　　B. 感觉、知觉、表象

　　C. 感觉、表象、情感　　　　D. 感觉、记忆、表象

2. 如果某人中风后不能保持身体的平衡,那么他最有可能受损伤的脑部位是

　　A. 海马　　　　　　　　　　B. 小脑

　　C. 中脑　　　　　　　　　　D. 桥脑

3. 刺激大脑左半球中央后回上部的细胞,最有可能引起个体

　　A. 左侧上肢的运动　　　　　B. 左侧上肢的某种感觉

　　C. 右侧下肢的运动　　　　　D. 右侧下肢的某种感觉

4. 双歧图形通常被用来说明知觉过程中

　　A. 大小与距离的关系　　　　B. 时间与空间的关系

　　C. 恒常与变化的关系　　　　D. 对象与背景的关系

5. 下列关于睡眠的描述中,正确的是

　　A. 睡眠锭发生在深度睡眠阶段

　　B. 深度睡眠阶段结束后,马上进入快速眼动睡眠阶段

　　C. 快速眼动睡眠阶段出现高频率、低波幅的脑电波

D. 从睡眠阶段一到四,脑电波的频率逐渐降低,波幅逐渐变大

6. 小宁上周日参加了"歌唱祖国"文艺晚会,演出盛况至今历历在目。这种记忆属于

A. 语义记忆   B. 情景记忆

C. 短时记忆   D. 程序性记忆

7. 关于艾宾浩斯遗忘曲线的研究,下列表述错误的是

A. 采用节省法测量保持量

B. 发现了首因效应和近因效应

C. 遗忘的进程表现为先快后慢

D. 采用无意义音节作为记忆的材料

8. 邓克尔(K. Duncker)的一项研究要求被试利用一盒火柴、一盒图钉把一根蜡烛安放在墙壁上,且要求蜡烛与墙面平行,许多被试不能完成该任务。该研究所反映的影响问题解决的因素是

A. 功能固着   B. 思维定势

C. 认知风格   D. 表征方式

9. 能够区分意义的最小语音单位是

A. 语素   B. 词语

C. 音位   D. 句子

10. 图式对阅读理解的作用主要体现在

A. 词素层次   B. 词汇层次

C. 短语层次   D. 篇章层次

11. 下列关于接收性失语症患者的描述中,正确的是

　　A. 能听懂别人说什么,但写不出来

　　B. 听不懂别人说什么,但表达流畅

　　C. 大脑没有受损,但听觉器官受到了损害

　　D. 能听懂别人说什么,但发音困难,说话费力

12. 下列关于动机和行为关系的描述中,错误的是

　　A. 同一种行为可能有不同的动机

　　B. 不同的行为可能有同一种动机

　　C. 动机强度和行为效率之间是一种 U 型关系

　　D. 主导动机和从属动机组成个体动机体系,推动个体的
　　　　行为

13. 下列关于饥饿的描述中,正确的是

　　A. 饥饿中枢位于丘脑的两侧

　　B. 刺激饥饿中枢会导致动物停止进食

　　C. 体内血糖水平的高低与饥饿感无关

　　D. 胃部收缩不是产生饥饿感的必要条件

14. 当人们受到侵犯时,需要做出诸如回击或退却的决策。根
　　据拉扎勒斯的认知-评价理论,这种情况属于

　　A. 初评价　　　　　　　　　B. 次评价

　　C. 再评价　　　　　　　　　D. 终评价

15. 通过改变对情绪事件的理解和评价来调节情绪,这种策
　　略是

　　A. 控制修正　　　　　　　　B. 认知重评

C. 注意转换   D. 情绪重评

16. 戈尔曼(D. Goleman)针对职场的工作表现,提出了工作情绪智力的架构。以下不属于该架构的是

    A. 自我察觉   B. 社交察觉

    C. 人际关系管理   D. 一般能力管理

17. 根据斯腾伯格的智力情境亚理论,情境智力是

    A. 适应环境、塑造环境和选择新环境的能力

    B. 编码、保持和提取信息的能力

    C. 操作、获得和加工知识的能力

    D. 同时性加工和继时性加工信息的能力

18. 小琦喜欢独处、对人冷漠、不近人情、爱挑衅。据此推测,他在艾森克人格测验中得分较高的维度应该是

    A. 外倾性   B. 神经质

    C. 开放性   D. 精神质

19. 小波喜欢冒险,爱追求刺激,喜欢极限运动。据此描述,他的人格类型最有可能是

    A. T 型   B. A 型

    C. B 型   D. C 型

20. 下列选项中,与婴儿大运动动作发展顺序相符合的是

    A. 翻身-无支撑坐-原地跳跃-上楼梯

    B. 翻身-无支撑坐-上楼梯-原地跳跃

    C. 无支撑坐-翻身-原地跳跃-上楼梯

    D. 无支撑坐-翻身-上楼梯-原地跳跃

21. 小妍在幼儿园玩拼图时一直在自言自语,"这块放这里……这块不合适……该放哪儿呢……这样不对……"。按照皮亚杰的观点,这种言语属于

    A. 自我中心言语   B. 独白言语

    C. 前言语   D. 社会性言语

22. 发展心理学的主要目标是

    A. 促进心理学研究技术的发展

    B. 揭示人类进化的过程

    C. 描述、解释和优化发展

    D. 揭示教育与心理发展的相互关系

23. 最适合回答个体发展中年龄效应的研究设计是

    A. 横断研究   B. 纵向研究

    C. 双生子研究   D. 回溯研究

24. 下列选项中,属于青春期个体独有特征的是

    A. 思维具有自我中心性

    B. 自我意识出现飞跃式发展

    C. 生理变化对心理活动有明显的冲击性

    D. 成人感与幼稚感并存带来心理的冲突和矛盾

25. 在一项研究中,研究者要求儿童在半分钟内"什么都不想"。儿童最有可能报告自己做到这一点的年龄是

    A. 5 岁   B. 8 岁

    C. 11 岁   D. 14 岁

26. 认为"学生的课堂学习主要是有意义的接受学习"的心理学

家是

A. 桑代克　　　　　　　　B. 布鲁纳

C. 奥苏伯尔　　　　　　　D. 维特罗克

27.《中庸》提出"博学—审问—慎思—明辨—笃行"的学习过程观。与这一观点相符合的现代学习观是

A. 认知学习观　　　　　　B. 人本学习观

C. 联结学习观　　　　　　D. 发现学习观

28. 托尔曼(E. C. Tolman)的白鼠高架迷津学习实验,证实了学习的实质是

A. 形成行为习惯　　　　　B. 形成认知地图

C. 获得结果期待　　　　　D. 获得外在强化

29. 面对新冠疫情,医疗系统涌现出了一大批"最美逆行者",激励广大民众在做好疫情防护的同时,积极投身到社会主义事业的建设之中。这一过程体现的学习原理是

A. 社会学习理论　　　　　B. 接受学习理论

C. 情境学习理论　　　　　D. 建构学习理论

30. 小聪喜欢在学习时写评语、做总结。他使用的学习策略属于

A. 资源管理策略　　　　　B. 编码组织策略

C. 监控调节策略　　　　　D. 精细加工策略

31. 在技能形成过程中,学习者把某一领域的陈述性知识编辑为程序性知识,并逐渐形成新的产生式规则。这一阶段是

A. 认知阶段　　　　　　　B. 联结阶段

C. 自动化阶段 D. 熟练化阶段

32. n-back 范式主要用于研究
    A. 瞬时记忆 B. 工作记忆
    C. 短时记忆 D. 长时记忆

33. 在阅读一个汉语句子时,读者的视线从一个点到另一个点
    由左向右移动,此时所记录的眼动过程是
    A. 注视 B. 回扫
    C. 回视 D. 眼跳

34. 下列感觉阈限的测量方法中,最容易调动被试积极性的是
    A. 最小变化法 B. 平均差误法
    C. 恒定刺激法 D. 信号检测法

35. 过程分离(PDP)范式主要用于研究
    A. 内隐记忆 B. 错误记忆
    C. 回溯记忆 D. 前瞻记忆

根据下面的研究设计表,回答 36~38 题。

		因素 B			
		B_1	B_2	B_3	B_4
因	A_1	$O_1\ O_2$	$O_3\ O_4$	$O_5\ O_6$	$O_7\ O_8$
素	A_2	$O_9\ O_{10}$	$O_{11}\ O_{12}$	$O_{13}\ O_{14}$	$O_{15}\ O_{16}$
A	A_3	$O_{17}\ O_{18}$	$O_{19}\ O_{20}$	$O_{21}\ O_{22}$	$O_{23}\ O_{24}$

36. 该研究的实验设计属于
    A. 被试间设计 B. 被试内设计
    C. 混合设计 D. 随机区组设计

37. 该研究实验处理的个数是

A. 2　　　　　　　　　　B. 7

C. 12　　　　　　　　　 D. 24

38. 该研究要检验的交互作用的个数是

A. 1　　　　　　　　　　B. 3

C. 4　　　　　　　　　　D. 12

39. 下列实验范式中,属于博弈范式的是

A. GO/NO-GO 范式　　　B. GNAT 范式

C. AB 范式　　　　　　　D. IGT 范式

40. 在某项实验中,要求 100 名被试中的 50 名先进行 M 测试,再进行 N 测试;另 50 名被试先进行 N 测试,再进行 M 测试。这主要是为了克服

A. 顺序效应　　　　　　B. 累积效应

C. 霍桑效应　　　　　　D. 从众效应

41. 下列选项中,时间分辨率最好的实验技术是

A. TMS　　　　　　　　B. PET

C. fMRI　　　　　　　　D. ERPs

42. 下列关于加法反应时法则的说法中,错误的是

A. 假设信息加工过程是序列进行的

B. 是对减法反应时法则实验逻辑的发展和延伸

C. 主要用于分析各个信息加工阶段的加工时间

D. 如果两个因素的效应独立,说明它们作用于不同加工阶段

43. 将短时记忆和长时记忆过程分离开来的经典实验是

    A. 阈下知觉实验　　　　　　B. 词干补笔实验

    C. 系列回忆实验　　　　　　D. 定向遗忘实验

44. 某次测验后,张老师依据正态分布将学生成绩由低到高划

    分成五个等级,且各等级构成等距的尺度。小茗在该次测

    验中得了 90 分,下列条件能使小茗的成绩被划入最高等级

    的是

    A. $M = 68, SD = 13$　　　　B. $M = 75, SD = 10$

    C. $M = 80, SD = 8$　　　　D. $M = 85, SD = 2$

45. 现有两组数据,E 组数据呈现负偏态,H 组数据呈现正偏态,

    两组数据平均值相等。以下表述正确的是

    A. E 组数据的中位数大于 H 组数据的中位数

    B. H 组数据的众数大于 E 组数据的中位数

    C. E 组数据的众数小于 H 组数据的中位数

    D. E 组数据的众数小于 H 组数据的众数

46. 下列关于概率统计的表述中,正确的是

    A. 抽样分布是随机变量函数的概率分布

    B. 两个事件同时出现的概率等于两个事件概率之和

    C. 两个事件同时出现的概率等于两个事件概率之积

    D. 对于单一样本,在不完全观测下,它的分布与总体分布

      相同

47. 下列对 F 分布的描述中,错误的是

    A. F 分布是正偏态分布

B. F 值的取值范围是 $-\infty$ 到 $+\infty$

C. F 分布的平均数大于中位数

D. F 分布的形态随分子、分母自由度不同而不同

48. 下列关于虚无假设显著性检验的说法中,错误的是

A. 方差分析是虚无假设显著性检验的一种

B. 虚无假设显著性检验是分析实验处理效应是否显著的常用方法

C. 虚无假设显著性检验的前提是假设两组间有差异且自变量效应显著

D. 虚无假设显著性检验的基本思想是概率性质的反证法

49. 某实验有三种实验处理,每种实验处理的样本数分别为 $n_1 = 20, n_2 = 32, n_3 = 18$。用方差分析检验平均数之间的差异时,组间的自由度为

A. 2   B. 3

C. 68   D. 70

50. 若方差分析 F 检验的结果显示 p 值小于 α,则结论为

A. 各组均值相等

B. 各组均值都不相等

C. 至少两个组均值不等

D. 至少两个组均值相等

51. 下列选项中,最适合使用非参数统计检验的是

A. 男女大学生平均月消费的差别

B. 高中生身高、体重的差异

C. 两个专业的大学生就业单位类型的差别

D. 两个年级大学生同一科目的成绩差异

52. 下列关于标准九的表述中,正确的是

　　A. 每段所占百分比均为 10%

　　B. 每段的宽度均为 0.5 个标准差

　　C. 最高一端为 9 分,其对应的 Z 分数范围为 1.25 以上

　　D. 如果原始分数不服从正态分布,也可以求被试的标准九
　　　 分数

53. 在正态分布曲线中,如果平均数不变,标准差不断增大,则
　　曲线变化的趋势是

　　A. 越来越高狭　　　　　　　B. 越来越低阔

　　C. 不断向左平移　　　　　　D. 不断向右平移

54. 已知某一元回归模型的决定系数为 0.64,则自变量与因变
　　量之间的相关系数是

　　A. ±0.80　　　　　　　　　B. ±0.64

　　C. ±0.40　　　　　　　　　D. ±0.32

55. 从心理测量角度判断,下面描述合理的是

　　A. 测验题目内容同质性越高,测验信度的估计值越低

　　B. 班级的单元测验通常属于标准化测验

　　C. 测量的信度会同时受到随机误差和系统误差的影响

　　D. 被试同质性越高,测验信度的估计值越低

56. 下列选项中,不可以用来表示区分度的是

　　A. 两道题目得分的相关系数

B. 项目鉴别指数

C. 项目得分与测验总分的相关系数

D. ICC 曲线拐点处切线斜率值

57. 100 名考生中答对某单选题的考生为 80 人,其中,高分组答对的有 27 人,低分组答对的有 15 人。如果采用高低分组法,那么这道题的难度和区分度分别是

A. 0.78,0.44

B. 0.78,0.39

C. 0.26,0.15

D. 0.26,0.39

58. 下列关于主题统觉测验的说法中,正确的是

A. 它是人格测验自陈式技术的代表

B. 测验材料具有明确结构和确切意义

C. 要求主试必须给受测者提供标准化的指导语

D. 评分关注的是受测者的需要、动机、情绪等

下表为方差分析表,请根据已有数据完成 59~61 题。

变异来源	平方和	自由度	均方	F
A	162.60		54.20	
B	251.08		62.77	
A×B	704.88		58.74	
组内	2016.80		25.21	
总体		99		

($F_{0.01 (3, 80)}$ = 4.04, $F_{0.01 (4, 80)}$ = 3.56, $F_{0.01 (12, 80)}$ = 2.41, $F_{0.05 (3, 80)}$ = 2.72, $F_{0.05 (4, 80)}$ = 2.48, $F_{0.05 (12, 80)}$ = 1.88)

59. 因素 A 的水平数是

A. 2   B. 3

C. 4   D. 5

60. 假设样本大小相同,则每个处理中的被试数是

A. 4   B. 5

C. 6   D. 7

61. 根据方差分析的 F 值与临界值的比较,在 0.05 的显著性水平下,能得出的结论是

A. A 因素主效应显著   B. B 因素主效应不显著

C. 交互作用显著   D. 组内效应显著

62. 在测验等值研究中,采用相同题目的子测验来联结两个待等值的测验,这一子测验被称为

A. 复本测验   B. 平行测验

C. 锚题测验   D. 效标测验

63. 概化理论对测量结果的差异分析,细分了

A. 测验分数   B. 测量误差

C. 测验内容   D. 测量目标

64. 关于态度测量的等距量表法,下列描述正确的是

A. 该方法的量表制定过程简单

B. 该方法中的等级数一般不超过 5

C. 该方法在结果的估计上用中位数作代表

D. 该方法是由李克特(R. A. Likert)提出的

65. 下列选项中,能够完整呈现个体心理测验结果的是

A. 测验平均分   B. 测验计分键

C. 测验常模表   D. 测验剖面图

二、多项选择题:66~75 小题,每小题 3 分,共 30 分。下列每题给出的四个选项中,至少有两个选项是符合题目要求的。多选、少选或错选均不得分。

66. 下列关于鲁利亚机能系统学说的描述中,正确的有

A. 人脑分成三个紧密联系的机能系统

B. 大脑皮层的机能定位是动态的、系统的

C. 人脑在结构和功能上由高度专门化并相对独立的模块组成

D. 调节激活和维持觉醒状态系统的基本作用是形成行为程序

67. 影响无语境条件下词汇识别的因素有

A. 习得年龄   B. 笔画数量

C. 句子类型   D. 使用频率

68. 情绪的成分包括

A. 主观体验   B. 生理唤醒

C. 外部表现   D. 认知过程

69. 下列关于人格特质理论的说法中,正确的有

A. 关注人格的构成成分

B. 描述了人格的质的差异

C. 强调了个体间的人格差异

D. 对人格测验有重要指导意义

70. 根据维果茨基的心理发展理论,下列属于高级心理机能

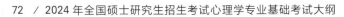

的有

A. 口语理解　　　　　　B. 条件反射

C. 随意注意　　　　　　D. 知觉

71. 下列关于专家与新手的陈述中,正确的有

A. 专家比新手更常使用组块化策略

B. 专家比新手的知识组织更结构化

C. 专家知识具有情境化和自动化的特点

D. 专家能有效地把自己的专长教给新手

72. 提取诱发遗忘研究的一般范式包括的阶段有

A. 学习阶段　　　　　　B. 提取练习阶段

C. 干扰阶段　　　　　　D. 回忆阶段

73. 下列选项中,以减法反应时法则为依据的有

A. 内隐联想测验　　　　B. 心理旋转实验

C. 短时记忆视觉编码实验　D. 斯滕伯格短时记忆提取实验

74. 下列关于等级相关的说法中,正确的有

A. 可用于顺序变量

B. 可用于等距变量和比率变量

C. 灵敏度和准确度比积差相关好

D. 不要求样本所属总体为正态分布

75. 计算机自适应测验(CAT)是测验发展的重要方向。项目反

应理论作为 CAT 编制的主要依据,其基础模型主要包括

A. 单参数模型　　　　　B. 双参数模型

C. 三参数模型　　　　　D. 结构方程模型

三、简答题:76～80 小题,每小题 10 分,共 50 分。

76. 简述视觉三色说及其支持证据。

77. 简述概念结构的激活扩散模型。

78. 简述德韦克(C. Dweck)的内隐能力观及其对成就目标定向的影响。

79. 某项研究采用了一份成熟的心理量表,该量表编制报告中的信度为 0.85。研究者施测后计算的信度为 0.80。简述该研究者应如何科学规范地报告研究中所采用量表的信度,并说明理由。

80. 某市一次数学统考平均分为 100,标准差为 10。某校一位教师认为该校的数学平均成绩高出全市平均分至少 5 分。从该校随机抽取一个样本,检验该教师说法是否成立。

请回答以下问题:

(1) 应该采用单侧还是双侧检验?为什么?

(2) 若规定 $\alpha = 0.01$ 且所犯第 II 型错误的概率 β 不超过 0.10,那么至少需要多大的样本量?($Z_{0.01/2} = 2.58$,$Z_{0.01} = 2.33$;$Z_{0.10/2} = 1.64$,$Z_{0.10} = 1.28$)

四、综合题:81～83 小题,每小题 30 分,共 90 分。

81. 什么是团体思维?根据贾尼斯(I. L. Janis)的观点,团体思维产生的条件有哪些?在实际工作中,我们应如何克服团体思维?

82. 以下是两位老同学的聊天:

甲:昨天见到几位多年不见的老同学,谈起彼此这些年的变化,联想到自己,有些伤感。最近听力和视力明显不行了,前几天做过的事情也想不起来了,腿脚也不方便了,忽然感觉时间过得真快啊! 这么多年过去了,似乎什么也没有做,好悲哀啊……

乙:哎呀,你可不能这么想啊。咱俩的生活经历差不多吧,我还比你大几岁呢。回想过去,我倒是觉得还挺满足的。我现在过得也十分充实,还参加了一个公益组织呢!

请根据艾里克森(E. H. Erikson)和莱文森(D. J. Levinson)关于成人发展阶段的理论,回答以下问题:

(1)上述对话反映甲与乙最可能处在哪个发展阶段? 为什么?

(2)针对甲与乙所处发展阶段及前一个发展阶段,分析个体所面临的发展任务分别是什么?

(3)如何成功度过甲与乙所处发展阶段的心理危机?

83. 阅读材料,回答问题。

在一项有关"拥挤"的心理效应研究中,研究者通过录像拍摄售票大厅旅客购票的场景,并对被拍摄到的旅客进行访谈;同时,让另外招募的不同性别的被试在实验室观看所拍摄的录像。研究者要求实验室观看录像和现场接受访谈的男女旅客均填写情绪体验问卷。研究者根据人群密度把售票大厅的拥挤状况分为三种:低密度——每一个售票窗口只有一个或两个人;中密度——售票大厅出现的人数较多;高密度——售票大厅显得非常无序和拥挤。

请根据材料,回答以下问题:

（1）说明该研究中的自变量、因变量以及额外变量,并指出额外变量可能的潜在影响。

（2）该研究中,可能出现的交互作用有哪些?

（3）该研究为什么要进行现场访谈? 若实验室研究结果与现场访谈结果不存在显著差异,说明了什么?

2023 年全国硕士研究生招生考试
心理学专业基础试题参考答案

一、单项选择题

1. C	2. B	3. D	4. D	5. C
6. B	7. B	8. A	9. C	10. D
11. B	12. C	13. D	14. B	15. B
16. D	17. A	18. D	19. A	20. B
21. A	22. C	23. B	24. D	25. A
26. C	27. A	28. B	29. A	30. D
31. B	32. B	33. D	34. B	35. A
36. A	37. C	38. A	39. D	40. A
41. D	42. C	43. C	44. D	45. A
46. A	47. B	48. C	49. A	50. C
51. C	52. D	53. B	54. A	55. D
56. A	57. A	58. D	59. C	60. B
61. C	62. C	63. B	64. C	65. D

二、多项选择题

66. AB	67. ABD	68. ABC	69. ACD	70. AC
71. ABC	72. ABCD	73. ABC	74. ABD	75. ABC

三、简答题

76.【答案要点】

（1）视觉三色说认为，视网膜上有红、绿、蓝三种感受器，分别对不同长度的光波敏感,其中红色感受器对长波更敏感,绿色感受器对中波更敏感,蓝色感受器对短波更敏感。当光刺激作用于眼睛引起三种感受器不同程度兴奋时,就会产生各种色觉。

(2)后来的研究发现,视网膜上存在三种感光细胞,分别对长、中和短波敏感,即证明视网膜上存在红、绿、蓝三种感受器。

77.【答案要点】

(1)概念以语义类似性的原则构成一个相互关联的概念网络;在概念网络中,连线的长短表示概念联系间的紧密程度,连线越短,概念间的联系越紧密。

(2)当一个概念被加工时,其意义激活会自动传递到相关概念,使相关概念的意义也得到激活,而且激活的强度随着传递距离的增加或传递时间的延长而降低。

78.【答案要点】

(1)德韦克认为,人们对能力持有两种不同的内隐观念:能力实体观和能力增长观。能力实体观认为,能力是稳定的、不可控的,是个体无法改变的特征;能力增长观认为,能力是不稳定的、可控的,是可随学习的进行而提高的。

(2)持能力实体观的个体倾向于确立表现(成绩)目标,他们希望在学习过程中证明或表现自己的能力;持能力增长观的个体倾向于确立掌握(学习)目标,他们希望通过学习来提高自己的能力。

79.【答案要点】

（1）既要报告量表原来的信度，也要同时报告本次研究的量表信度。

（2）信度是指测量结果的稳定性程度。这既包含了测量工具的性质，也包含了施测过程的情况。报告量表原信度，表明了测量工具是稳定可靠的。报告本次研究的量表信度，反映的是本次测量结果的可靠性。

80.【答案要点】

（1）应采用单侧检验。因为检验假设是有方向性的，且题干中明确提到"高出全市平均分至少 5 分"，所以应采用单侧检验。

（2）$n = \left[\dfrac{(Z_\alpha + Z_\beta) \cdot \sigma}{\delta}\right]^2 = \left[\dfrac{(2.33 + 1.28) \cdot 10}{5}\right]^2 = 52.13$

或：$Z_\alpha \geq \dfrac{\overline{X} - 100}{\dfrac{10}{\sqrt{n}}} \Rightarrow \overline{X} \leq Z_\alpha \cdot \dfrac{10}{\sqrt{n}} + 100$

$Z_\beta \leq \dfrac{\overline{X} - 105}{\dfrac{10}{\sqrt{n}}} \Rightarrow \overline{X} \geq Z_\beta \cdot \dfrac{10}{\sqrt{n}} + 105$

$Z_\alpha \cdot \dfrac{10}{\sqrt{n}} + 100 = Z_\beta \cdot \dfrac{10}{\sqrt{n}} + 105$，即 $2.33 \cdot \dfrac{10}{\sqrt{n}} + 100 = -1.28 \cdot \dfrac{10}{\sqrt{n}} + 105$

于是，$2.33 \times 10 + 1.28 \times 10 = 5\sqrt{n}$

可得，$n = \left(\dfrac{2.33 \times 10 + 1.28 \times 10}{5}\right)^2 = 52.13$

因此,样本量至少要达到 53。

四、综合题

81.【答案要点】

（1）团体思维也叫小集团意识,它是指在一个高凝聚力的团体内部,人们在决策及思考问题时由于过分追求与团体大多数人一致,从而导致对团体问题解决方案不能做出客观评价的一种思维模式。这种思维模式常常导致不良后果。

（2）团体思维产生的条件:① 团体凝聚力高;② 团体与外界隔离;③ 团体领导是指导式的;④ 缺乏有效程序保证从正反两方面考虑决策后果;⑤ 团体面对的外界压力大。

（3）克服方法:① 鼓励发言与质疑;② 领导要在别人表达观点之后发表自己的观点;③ 团体先分成小组讨论后再一起讨论;④ 邀请专家参与讨论并鼓励提不同意见。

82.【答案要点】

（1）按照艾里克森的理论,上述对话反映甲与乙处在老年期(成年晚期)。理由:对话表现出明显自我完善与悲观沮丧的冲突。

按照莱文森的理论,这一阶段称为晚年过渡期(成年晚期转折)。

理由:个体体验到忧虑和需要培养新的生活方式。

（2）在艾里克森的理论中,老年期的前一个发展阶段是成年中期,表现为繁殖力与停滞的冲突,成年中期个体的发展任务是获得繁殖感、避免停滞感,体验着关怀的实现。老年期个体的发展任务是获得完善感、避免失望和厌倦感,体验着智慧的实现。

在莱文森的理论中,晚年过渡期的前一个阶段也是成年中期,成年中期个体更容易感受到家庭生活的益处,若顺利度过成年中期转折,则其智慧、同情心、有见识、视野开阔等品质会出现,成为青年一代与老年一代的桥梁。当进入晚年过渡期,随着生理机能的下降,个体必须调整自我,重新适应生活。

(3)根据上述理论的观点,顺利度过这一阶段的心理危机,主要涉及两方面调整:

① 主动调整情绪:一方面,学习调整和应对由于衰退带来的消极情绪(如转移注意、尝试表达情绪感受等);另一方面,通过寻求社会支持、共情他人、主动承担责任等发展积极情绪。

② 发展积极应对策略:面对逐步衰老的变化,及时发展新的兴趣,并调整和培养新的生活方式。

83.【答案要点】

(1)自变量:拥挤状况(低密度、中密度、高密度),研究方式(实验室条件、现场条件),性别(男、女)。

因变量:情绪体验。

额外变量:售票大厅的噪音、环境的布置、购票人群的有序性以及购票意愿、人格特征等等。

额外变量可能的潜在影响:可能会影响被试的认知、情绪等心理活动。

(2)① 研究方式、拥挤程度与性别之间的三重交互作用;

② 研究方式与性别之间的交互作用；

③ 拥挤状况与性别之间的交互作用；

④ 研究方式与拥挤状况之间的交互作用。

（3）该研究设计者因为考虑到了实验室研究的外部效度即外推生态效度，才引进了现场访谈。实验室条件下的研究结果与现场访谈所获得的结果不存在显著差异，说明该实验室研究有较高的外部效度。

郑重声明

高等教育出版社依法对本书享有专有出版权。任何未经许可的复制、销售行为均违反《中华人民共和国著作权法》，其行为人将承担相应的民事责任和行政责任；构成犯罪的，将被依法追究刑事责任。为了维护市场秩序，保护读者的合法权益，避免读者误用盗版书造成不良后果，我社将配合行政执法部门和司法机关对违法犯罪的单位和个人进行严厉打击。社会各界人士如发现上述侵权行为，希望及时举报，我社将奖励举报有功人员。

反盗版举报电话　（010）58581999　58582371

反盗版举报邮箱　dd@hep.com.cn

通信地址　北京市西城区德外大街4号　高等教育出版社法律事务部

邮政编码　100120

作者投稿及读者意见反馈

为方便作者投稿，以及收集读者对本书的意见建议，进一步完善图书的编写，做好读者服务工作，作者和读者可将稿件或对本书的反馈意见、修改建议发送至 kaoyan@pub.hep.cn。

防伪查询说明

用户购书后刮开封底防伪涂层，使用手机微信等软件扫描二维码，会跳转至防伪查询网页，获得所购图书详细信息。

防伪客服电话　（010）58582300